동 물 왕 국   김 중 만

김영사

ANIMALS KINGDOM KIM JUNGMAN

GIMM-YOUNG PUBLISHERS, INC.

꿈의 선물, 아프리카 동물왕국

1999년 새해 첫날, 나는 아프리카의 보츠와나에 있었다. 그런데 그 날은 시련과 함께 왔다. 카메라 장비를 모두 도난당한 것이다. 그렇지만 나는 아프리카 부쉬에 빈 손으로 서서 다짐을 했다. 그냥은 이 땅을 떠나지 않겠다고.

나에겐 오래 된 꿈이 있었다. 미술을 공부하고 사진가가 된 후로 늘 생각해 오던 꿈, 그것은 바로 아프리카 동물을 찍는 것이었다. 지구상의 마지막 낙원 아프리카의 하늘과 땅, 풀, 나무, 모래, 바람, 그리고 그 햇빛과 함께 그 곳에 살고 있는 동물들을 내 손으로 담아보고 싶었다. 그러나 생태에 대한 많은 공부가 필요하고 특이한 풍토인 아프리카의 생활에 자신이 없다는 이유로 미루던 것이 15년 전부터 시작된 일이다. 그런데 이상하게도, 모든 것을 잃어버린 절망의 순간에 가슴깊이 간직했던 나의 꿈이 문득 떠올랐다. 힘든 시련이 오히려 나에게는 꿈을 되돌려 주고 전에 없던 생기와 의지를 선사한 것이다. 더욱이 야생 동물을 유난히 좋아하는 아들 네오에게 자연의 생생한 풍경과 야생동물을 찍어 보여 줄 생각에 더욱 용기가 났다. 또 앞으로 이 세계에 도전할 후배 작가들에게 모자라나마 길잡이가 되고자 하는 소망 때문에 꼭 해야 한다는 의지를 굳힐 수 있었다.

동물 촬영을 결심한 이후 3개월 동안 야생동물에 대한 공부를 하고 카메라 장비를 마련하였다. 라면이 담겨 있는 식량 주머니와 장비를 트럭에 싣고 아내와 함께 열 살 된 네오를 데리고 케냐로 향했다.

나의 꿈을 아는 듯이, 동물들은 우리를 환영해 주었다. 우기가 지나 많이 자란 풀숲에선 동물을 찾기가 아주 어려운데 보기 드문 동물들까지 만나게 된 것이다. 반가움과 고마움으로 눈물이 나고 놀라움과 신비로움 때문에 탄성이 나왔다. 백미터를 4초에 달릴 수 있다는 큰 사자 앞에 십미터까지 다가가 그 모습을 담았다. 두려움을 잊고 위험을 무릅쓰며 맹진한 순간들을 보내면서 나는 새삼 깨달았다. 꿈이란 이런 것이로구나. 진정한 꿈이란 어떤 어려움도 이길 수 있다는 믿음과 그 꿈을 이루고 싶은 소망을 주는구나 ….

마사이마라에서, 사자와 영양들, 버팔로, 코끼리, 기린, 얼룩말, 치타와 레오파드까지 만났지만 우리는 코뿔소를 찾으러 나쿠루로 향했다.

해가 떠오르는 나쿠루 호수, 플라밍고들이 물결과 함께 춤을 추던 바다 같은 호수가 금빛으로 은빛으로 색을 드러내면서 검은 하늘을 보라빛으로 열어가는 아침, 그 장관에 넋을 잃었다. 탄성을 지르다가 사진기에 담고, 환호하면서 또 담고, 동물들이 달아날까 봐 숨죽여가며 정말 열심히, 정말 기쁘게 사진을 찍었다. 드디어 우리는 코뿔소를 발견했다. 그러나 그 후에도 악어를 찾아, 또 하마를 찾아 우리는 킬리만자로 산이 있는 암보셀리로, 초베 강이 있는 보츠와나로, 또 빅토리아 폭포로 떠나야 했다. 늘 옆에 머물면서 지키는 수호신처럼, 경이로운 동물 코끼리들은 가는 곳마다 우리를 반겨 주었다.

아프리카는 나에게 아버지의 땅이다. 가난한 외과의사의 외길 인생을 삼십 년 동안 아프리카에서 보내고 눈을 감으셨다. 이제 새 꿈을 열기 시작한 나이든 아들을 격려하시며 온화한 모습으로 조용히 떠나셨다. 보츠와나 북쪽에 있는 아름답고 작은 카사네에서, 모래길 100킬로미터를 지나려고 8시간이나 가야 했던 어려움 속에서도, 배가 고프고 추울 때에도, 아버지를 그리며 네오의 손을 잡고 촬영에 임했다.

아프리카는 아버지가 내게 준 큰 선물이다. 그 덕분에 나도 아들에게 작은 선물 하나를 남기게 되었다. 지난 아홉 달 동안에 이룬, 그러나 나의 평생을 담은 꿈의 결과를 네오와 또 많은 한국의 어린이들과 나누고 싶다. 또한 꿈이란 그 열매가 아니라 그것으로 다가가는 열정이라는 말을 아울러 전하고 싶다. 우리 어린이들이 사진으로라도 아프리카 야생 동물들과 반갑게 만나기를 바란다.

마사이마라 사바나의 새벽과 함께 첫 장을 열면서.

1999년 12월

김중만

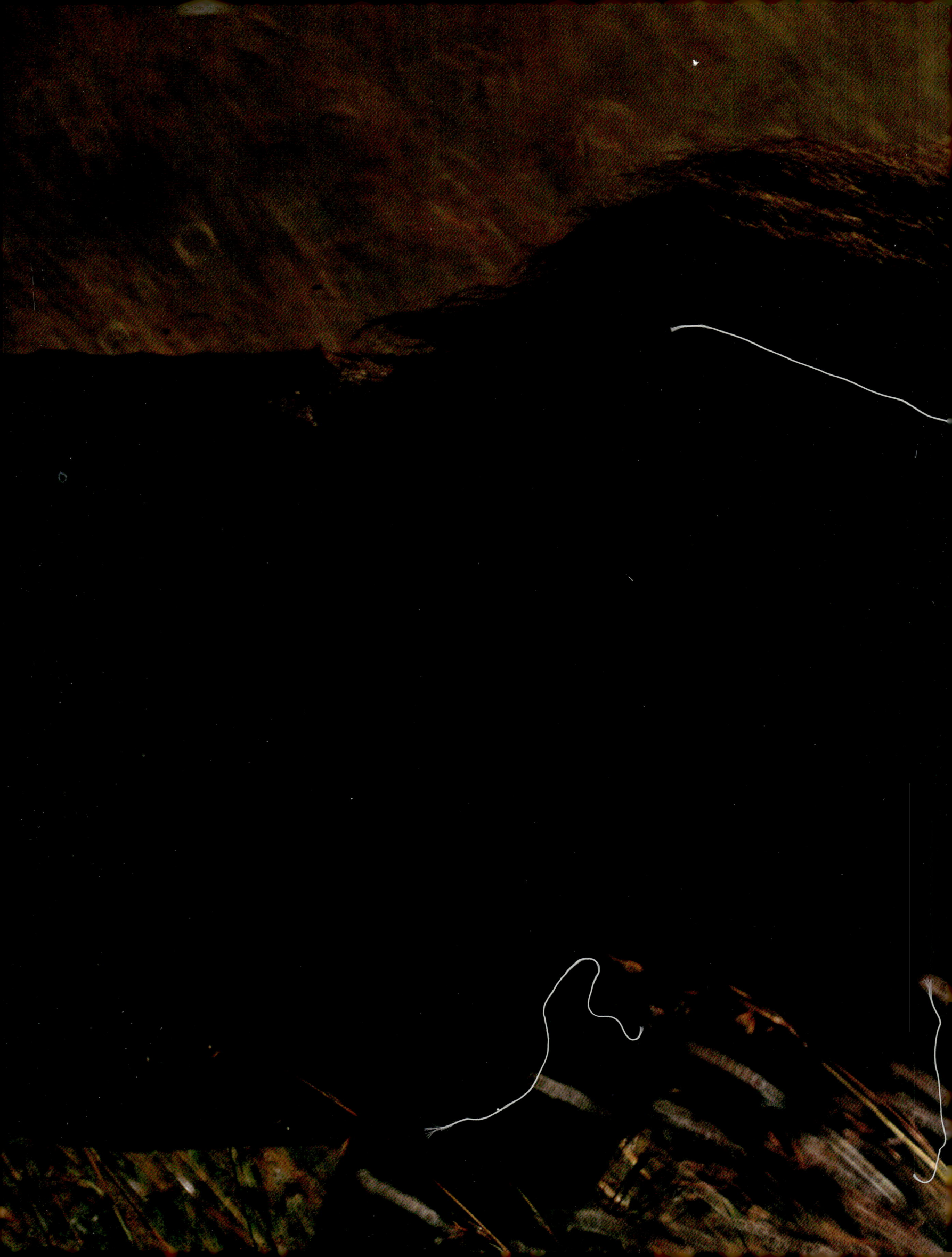

사자는 아프리카 육식동물 가운데 가장 힘이 세고 사납다. 몸전체 길이 2.5~3미터, 어깨높이 1미터, 몸무게 200킬로그램 가까이 되는 큰 몸집을 하고도 100미터의 거리를 4초에 달릴 정도로 빠르다. 사자의 힘센 앞발은 한 번 휘둘러 몸집 큰 누의 목을 부러뜨릴 수 있을 정도로 강력한 무기다.

어미는 임신 후 약 110일 후에 새끼를 낳는데, 갓 태어난 새끼는 몸무게가 1.5킬로그램밖에 되지 않는다. 몸은 대개 엷은 황갈색을 띠고 있으며, 다 자란 수컷은 얼굴 양 옆에서 어깨와 가슴에 이르는 멋진 갈기를 가지고 있다.

아프리카의 사막이나 초원 지대, 초목지대에서 사는 사자는 3마리에서 30마리 정도가 무리를 지어 산다. 서로 친척이 되는 암컷들과 그 새끼들이 무리의 중심을 이루고, 두어 마리 이상의 힘센 수컷 형제들이 연합하여 이 무리를 이끈다. 간혹 수컷 한 마리가 우두머리를 맡기도 한다. 젖을 뗀 새끼 가운데 암컷은 어미와 함께 머물지만, 수컷은 2년이 지나면 형제끼리 무리를 떨어져 나간다. 무리를 떠나온 수컷들은 나이가 차면 새로운 무리를 찾아 그 무리를 이끄는 나이든 수컷들을 몰아내고, 새로운 우두머리가 된다.

사자의 무리는 일정한 자신들의 영역을 정해 놓고 사는데, 자기 영역을 알리기 위해 늘 사납게 으르렁거리는 소리를 낸다. 또 오줌이나 똥, 또는 땅을 긁어놓아 다른 사자들에게 자신들의 영역을 침범하지 말라는 표시를 하기도 한다.

사냥에는 대개 암컷들이 무리지어 몰이사냥을 한다. 하지만 먹이감의 맛있는 부위를 먹기 시작하는 것은 수컷이다. 낮에는 나무 그늘 아래에서 잠을 자거나 뒹굴다가, 주로 밤에 사냥을 한다. 영양, 아프리카 물소, 기린, 얼룩말, 멧돼지 등이 사자가 좋아하는 사냥감이다. 운이 좋아 한 번 사냥으로 여러 마리를 잡는 경우도 있지만, 새끼들에게 어른 사자들이 먹이를 양보하는 일이 없어, 어린 사자들은 충분히 먹지 못하는 일이 흔하다.

사실, 아프리카 동물왕국의 제왕인 사자만큼 많이 죽어가는 동물도 없다. 사자는 먹이를 따라 자기 영역을 벗어나는 일이 없어, 먹이감이 부족해 굶어 죽기도 하고, 격렬한 사냥 중에 오히려 사냥감의 뿔에 받히거나 발에 채여 상처를 입고 병이 나 죽기도 한다. 게다가, 다 자란 수컷들이 다른 무리의 우두머리 수컷들을 몰아내고 그 무리의 우두머리가 되었을 때, 원래 있던 수컷들의 새끼들이 이들에게 물려 죽임을 당하는 일도 있다.

아프리카의 얼룩말 가운데 그 수가 가장 많은 플레인즈 지브라는 케냐와 북탄자니아에 주로 살고 있다. 사람들이 고기와 가죽을 얻으려고 함부로 사냥하여 점점 그 수가 줄고 있다. 짧게 서 있는 목의 갈기털, 기다란 귀, 술이 달린 꼬리 등의 생김새 및 습성에서 야생 당나귀와 비슷하다. 몸의 길이는 2.3~3미터, 꼬리길이는 43~56센티미터, 어깨높이는 1.3미터 정도이며, 몸무게는 290~340킬로그램이다. 임신하여 약 375일이 지나면 새끼를 낳고, 갓 태어난 새끼의 몸무게는 30~35킬로그램 정도이다.

검은색과 하얀색이 섞인 멋진 줄무늬는 우리 눈엔 모두 같아 보이지만, 사람마다 손가락의 지문이 다른 것처럼 얼룩말마다 제각기 다른 무늬를 가지고 있다. 줄무늬는 얼룩말을 적으로부터 보호해 주는 역할도 하는데, 색을 구별하지 못하는 사자는 얼룩말들이 무리를 지어 섞여 있으면 그 무늬 때문에 얼룩말을 한 마리씩 구별하지 못한다.

수컷과 암컷이 보통 4~6 마리의 새끼를 두고 한 가족을 이루어 다니며, 가족은 흩어지는 법이 없다. 이따금씩 다른 얼룩말 가족들과 무리를 지어 다니기도 하지만 보통은 한 가족끼리 다닌다. 경쟁자인 다른 수컷이나 사자 같은 사나운 동물들이 공격해 오면 수컷은 발길질을 하거나 이빨로 물어 싸워 암놈과 새끼들을 지킨다. 얼룩말은 시각, 청각, 후각이 뛰어나 사나운 동물의 공격을 빨리 알아채고 알려주기 때문에 다른 초식 동물들 사이에서 인기가 좋다. 얼룩말 무리와 누 무리가 함께 뒤섞여 있는 모습을 자주 볼 수 있다. 이것은 맹수가 나타나면 얼룩말은 재빨리 위험을 알려 주고, 수가 많은 누 무리는 얼룩말들과 함께 큰 무리를 이루어 적의 공격을 막아냄으로써 서로에게 도움을 주기 위한 것이다.

작은 몸집의 영양인 가젤은 아프리카의 사막이나 평원 지대에 주로 산다. 18 종류의 가젤이 있으며, 종류에 따라 몸통 색깔은 갈색에서 회색 또는 흰색까지 다양하고, 뺨에는 하얀색 또는 빨간색의 줄무늬가 있다. 보통 암컷과 수컷 모두 뿔을 가지고 있다.

가젤 가운데 모양이 가장 두드러지는 그랜트 가젤은 황갈색의 몸통에 배와 엉덩이는 흰색이며, 얼굴에서 뿔에서 코로 내려오는 부위가 붉은색을 띤다. 뿔은 밑부분은 앞으로 휘었다가 끝으로 가면서 다시 뒤쪽으로 휜 모양을 하고 있다. 뿔의 길이는 수컷이 50~80센티미터, 암컷이 30~43센티미터 정도이다. 그 외에도 톰슨 가젤, 서머링 가젤, 스프링복 등 여러 종류가 있다.

가젤은 많아도 30 마리를 넘지 않는 정도의 작은 무리를 이루는데, 그 안에서 한 마리의 수컷이 여러 마리의 암컷과 새끼들을 거느린다.

◀ 리히텐슈타인 하테비스트는 아프리카 영양의 한 종류로, 황갈색의 몸통에 엉덩이와 뒷다리는 밝은 색을 띠고 있다. 수컷과 암컷 모두 갈고리 모양으로 생긴 뿔을 가지고 있는데, 이 뿔은 머리에서 곧바로 나오는 것이 아니라 머리 한가운데 난 한 개의 짧은 뿔에서 갈라져 나온다. 몸의 길이는 2미터, 어깨높이는 1.2미터 정도이다.

중앙 아프리카, 탄자니아, 모잠비크 등에 널리 흩어져 살고 있다. 보통 열 마리 정도가 무리를 지어 다니며 초목지대에서 물 가까이에 많이 살지만, 물 없이도 몇 주를 살아갈 수 있기 때문에 건조한 사막 지대에서도 산다. 시력이 아주 좋고, 겁이 많으며, 말보다도 빨리 달릴 정도로 날쌔다. 암컷들과 새끼들로 이루어진 무리에 수컷이 더불어 살며, 암컷들 중에는 나이 순서로 정해진 위계가 있다. 새끼의 임신기간은 240일이며, 갓 태어난 새끼는 15킬로그램 정도의 몸무게를 가지며, 태어나자마자 어미를 따라다닐 수 있다.

딕딕은 큰 산토끼 정도의 작은 몸집을 지닌 아프리카 영양의 한 종류이다. 은회색의 몸 색깔을 지닌 뻬아첸띠니 딕딕은 실버 딕딕이라고도 부른다. 건조한 덤불지대에 살며, 아카시아 나무가 있는 곳을 제일 좋아한다. 탄자니아와 케냐에 주로 사는데, 탄자니아의 세렝게티 동물 보호 구역에 특히 많이 살고 있다. 부어 오른 듯 커다랗고 긴 코와 이마 위로 짧게 솟은 머리털, 그리고 커다란 눈이 딕딕의 특징이다. 털에 가려 잘 안 보이기도 하는 작은 뿔은 수컷에게만 있다. 풀과 나뭇잎, 또 코끼리나 다른 큰 동물들이 넘어뜨린 나무의 열매나 꽃을 먹고 산다.

몸 길이는 50센티미터, 어깨높이는 32센티미터 정도이며, 임신 후 160일이 지나면 700그램 정도의 새끼를 낳는다.

암컷과 수컷이 짝을 이루어 함께 사는데, 한 번 짝을 만나면 평생 동안 바꾸지 않는다. 짝끼리는 서로 있는 곳을 알리기 위해 똥 같은 분비물을 사는 곳 주변에 남겨 놓는다. 또 암컷과 수컷 모두 계속 새끼 주위에 머물면서 핥아 주며 돌보는 것이 여느 영양들 및 다른 동물들과 다르다.
딕딕은 놀라면 지그재그 모양으로 깡충깡충 뛰어 달아난다. ▶

워터벅은 아프리카 동부 케냐, 탄자니아, 잠비아 부근에 흩어져 사는 초식 동물이다. 늘 물가에 머물며, 갈대나 키 큰 풀이 있는 평원이나 초목지를 좋아한다. 몸에는 짙은 갈색과 붉은색의 털이 많다. 특히 목 주위의 털은 더 길고 복스럽다. 엉덩이 주변은 널찍하고 동그랗게 흰색을 띤다. 수컷은 앞으로 굽은 기다란 뿔을 가지고 있다. 몸의 길이는 2.2~2.7미터, 꼬리길이 35센티미터, 어깨높이 1.3미터, 몸무게는 250~270킬로그램이다. 수컷의 뿔 길이는 평균 75센티미터 정도이다. 새끼 임신기간이 280일이며, 대개 한 번에 한 마리의 새끼를 낳는다. 새끼의 몸무게는 약 13킬로그램이다.

임팔라는 아프리카에서 가장 흔히 볼 수 있는 초식동물이다. 날씬하고 멋진 몸매를 가진 영양의 한 종류로, 물과 잡목이 많은 사바나 초목지대를 좋아하고 아프리카 남쪽 전지역에 고루 살고 있다. 가슴과 배, 목, 턱 부분이 흰색이며, 흰 털이 덮인 꼬리 위 부분과 엉덩이 양쪽에는 검은 줄무늬가 있다. 뒷발굽에는 수염 같은 까만 털이 나 있으며, 수컷은 길고 멋진 뿔을 가지고 있다. 몸무게는 40~50킬로그램, 키는 78센티미터에서 1미터 정도이다. 새끼 임신 기간은 196일이며, 갓 태어난 새끼의 몸무게는 약 5킬로그램이다.

선선한 날에는 낮에도 움직이지만, 주로 밤에 활동한다. 맹수의 공격을 받으면 임팔라는 한 번에 무려 3미터 높이에 9미터 거리까지 뛰어 달아나며, 이렇게 뛰어오름으로써 공격을 해오는 사자나 표범을 놀래키기도 한다.

평소에 임팔라는 수컷과 암컷이 나뉘어 지내지만, 매년 3월에서 6월, 9월에서 11월 사이에 번식을 위한 짝짓기 계절이 돌아오면, 암컷 무리들은 수컷의 영역 안으로 들어간다. 평소에 온순하던 임팔라 수컷은 이때가 되면 맹수같이 사나워지고 듣기 역겨운 소리를 내며 뿔싸움으로 자기 영역과 암컷을 지킨다.

◀ 토피는 하테비스트와 많이 닮은 모습을 하고 있는 초식동물이다. 아프리카 동남부에 많이 살고 있으며, 몸 길이는 2.1미터, 꼬리 길이 45센티미터, 어깨 높이는 1.2미터 정도이다. 몸통은 대개 짙은 갈색을 띠고 있으며, 꼬리 끝에는 검은 술이 달려 있다. 뿔은 암컷과 수컷이 모두 가지고 있다.

사바나 초목지대 및 초원지대에 보통 15~30 마리, 때로는 보다 더 많은 수가 무리를 지어 산다. 수컷은 발정기가 되면 영역을 정해 놓고 그 안에 암컷을 잡아 놓는다. 10~12킬로그램의 몸무게를 가진 새끼를 240일 정도의 임신기간을 거쳐 한 마리씩 낳는다.

관학은 다리가 길고 볏 위에 화려한 황금색 술이 달려 있다. 볼 양 옆이 하얗고 둥글며, 이마는 까만색, 턱에 있는 볏은 빨간색이다. 보통 쌍쌍이 다니지만 번식 기간이 아닐 때에는 여러 마리가 함께 모여 있기도 한다. 늪이나 호수, 초원에 살면서 곡식, 곤충, 뱀, 개구리 등을 먹는다. 서아프리카에서는 곤충이나 뱀을 없애기 위해 농장에서 키우기도 한다. ▶

◀ 노랑 동박새는 눈 주위에 흰 둥근 테가 있는 동박새 중의 하나로 몸은 황록색이며 아주 날카로운 부리를 가졌다. 이마 부분이 유난히 노랗다. 나무가 많은 곳에서 산다.

◀ 푸른 기장 찌르레기의 날개는 빛이 약한 곳에서도 광택이 나는 청록색이다. 진노란색의 눈이 인상적이다. 나무가 많은 곳에 살고 사람이 사는 마을에도 자주 나타난다.

◀ 흰 허리 민 독수리는 날개를 접고 있으면 갈색 몸통에 목에만 흰 목도리를 두른 것 같이 보이지만, 날개를 펴고 날면 새하얀 등과 꼬리털이 나타난다. 동물시체를 찾아다니며 하루에 먹이를 찾아 150킬로미터까지 이동한다.

흰 눈썹 두견이는 머리와 꼬리가 까맣고 날개는 밤색이며 눈 위에 난 흰 털이 눈썹 모양을 하고 있다. 물병새라는 이름으로도 알려진 이 새는 종종 땅 위에서 살살 걸어다닌다. ▶

◀ 자색 가슴 파랑새는 목과 가슴이 보라색이고 꼬리가 길다. 아프리카 국립공원 전역에 퍼져 있으며 길에서도 볼 수 있다. 빈 나뭇가지, 흰 개미집, 전깃줄이나 전화선 위에 앉아 있다가, 먹이가 보이면 멋지고 푸른 날개를 펴고 재빨리 내려앉는다.

볏 물떼새는 회갈색 몸을 하고 노란색의 볏을 가지고 있는 것이 특징이다. 작고 빨간 볏이 노란 볏 위쪽에 달려 있다. 이마는 흰색이고 목 중앙은 까만데 얼굴에는 검은 줄 무늬가 있다. 부리에는 검은색이 드문드문 들어 있고 다리와 발은 샛노란색이다. 주로 물가에서 쌍을 지어 다니며 초원에서는 가끔만 볼 수 있다. ▶

◀ 안장부리 황새는 몸집이 큰 데다가 흑백의 대비가 분명하고 검정 띠가 있는 빨간 부리와 무릎관절 때문에 쉽게 알아 볼 수 있다. 또 이마에서 부리로 내려오는 부분에 노란색 판이 안장처럼 붙어 있다. 물고기를 잡을 수 있는 물가에 잘 나타난다.

헬멧 호로새는 목 아래로 몸 전체가 검은 회색 바탕에 작고 흰 점박이 무늬를 하고 있다. 얼굴과 목은 진한 하늘색이고 머리에는 뼈처럼 단단한 볏이 있다. 사바나와 가시덤불이 많은 곳에 살고 새벽과 저녁에 무리 지어 다닌다. ▶

대머리 황새 마라부는 황새 중 가장 큰 것으로, 일어섰을 때 키가 약 1.5미터이고, 양 날개를 펼친 길이는 2.9미터에 이른다. 몸의 위쪽은 회색, 아래쪽은 흰색인데, 분홍색 목의 밑부분에는 흰색의 깃털이 목도리처럼 나 있다. 다 자라면 목 아래쪽에 부풀렸다 줄였다 할 수 있는 커다란 주머니가 생긴다.

대머리 황새는 벌레에서 썩은 코끼리 시체에 이르기까지 동물성이라고 할 만한 것은 무엇이든 가리지 않고 먹는다. 바람을 타고 높이 날면서 죽은 동물의 시체를 찾아다니는데, 동물 시체를 수리나 하이에나와 나란히 나누어 먹는 일도 흔하다. 동물들이 물가에 많이 모여들고 호수나 강이 얕아져 개구리나 물고기를 잡기 쉬워지는 건조한 계절에 알을 낳는다.

◀ 타조는 아프리카 지역에서만 사는 날지 못하는 새이며, 현재 살고 있는 새 중에서 가장 크다. 전에는 중동 지역에도 살았으나, 지금은 멸종되었다. 타조는 새들 가운데 가장 크고 힘이 세며, 머리 끝에서 발바닥까지의 키가 2.4미터나 되고 몸무게가 136킬로그램이나 나간다. 긴 목에, 작은 머리, 커다란 눈과 넓은 부리가 특징이다. 작은 날개를 지니고 있어 달려갈 때는 날개를 펼친다. 타조의 길고 힘이 센 두 다리는 뛰어다니는 일뿐 아니라 적으로부터 자신을 지키는 데도 쓰인다. 타조의 발가락은 두 개뿐이다.

타조는 시속 60킬로미터의 속도로 달릴 수 있으며, 이것은 타조에게 자신을 지키는 훌륭한 무기이다. 뿐만 아니라 타조는 매우 좋은 시력을 지니고 있으며, 먹이를 먹을 때는 여럿이 모여서 먹으면서 그중의 한 마리가 반드시 망을 보며 맹수가 나타나지 않는지를 살핀다.

수컷은 검은색 몸통에 흰색 날개와 꼬리를 가지고 있는데, 크고 부드러운 수컷의 흰 깃털은 비싸게 팔린다. 암컷은 탁한 회갈색을 하고 있다. 여러 암컷이 한 둥지에 공동으로 알을 낳고 밤에는 수컷이 낮에는 암컷이 알을 품는다. 타조알 하나의 무게는 1킬로그램을 넘는다.

재칼은 야생 개의 일종으로 아프리카 동물들 가운데서 식성이 가장 다양하다. 영양을 비롯해 크고 작은 여러 가지 포유동물, 뱀, 도마뱀, 메뚜기, 흰 개미, 새알, 어린 새, 심지어 나무 열매까지 먹는다. 재칼은 자기가 직접 먹이감을 사냥하기도 하지만 청소부처럼 이리저리 돌아다니며 남들이 먹다 남긴 온갖 찌꺼기들을 먹어치운다. 죽은 동물도 마다 않고 먹는데, 굶어 죽은 영양 한 마리에 수십 마리의 재칼이 달라붙기도 한다.

재칼은 무척 약삭빠른 동물이다. 영양을 사냥할 때는 한 무리가 건강한 어미 영양들을 이리저리 혼란스럽게 하고, 그 틈을 타서 다른 무리가 어린 영양이나 늙은 영양을 공격하는 협동 작전을 벌인다. 그러나 직접 사냥에 나서기보다는 사자나 치타 같은 맹수들이 잡아놓은 사냥감을 가로채는 것이 재칼의 장기이다. 다 자라도 몸무게가 12킬로그램밖에 되지 않는 작은 몸집의 동물이지만, 사자나 치타의 공격을 받을 위험을 무릅쓰고 끈질기게 따라붙어 먹이감을 빼앗는 민첩하고 영리한 소매치기이다. ▶

얼룩 하이에나는 아프리카에만 사는 육식동물로, 그 기괴한 울음 소리로 유명하다. 하이에나는 소름끼치는 울음소리, 찢어지듯 비명을 지르는 소리, 사람이 낄낄 대며 웃는 것 같은 소리 등을 내는데 그 소리가 워낙 독특해서 한 번 들으면 잊을 수가 없다고 한다. 그 때문인지 아프리카에 전해 내려오는 이야기나 신화 속에서 하이에나는 늘 나쁜 역할로 등장하며, 어떤 이들은 하이에나의 울음소리가 죽음을 미리 알린다고 믿기도 한다.

몸 길이는 1.8미터, 어깨높이는 90센티미터 정도이다. 얼룩 하이에나, 줄무늬 하이에나, 갈색 하이에나 등의 세 가지 종류가 있는데, 그 수가 가장 많고 또 가장 널리 알려진 것은 역시 울음소리를 내는 얼룩 하이에나이다.

다른 동물들이 잡아 놓은 사냥감이나 가로채는 재수없는 동물로 잘못 알려져 있지만, 사실 얼룩 하이에나는 독립심이 강하고 영리하며 모든 육식동물 가운데서 사냥의 성공률이 가장 높다. 다른 육식 맹수들에 비해 작은 몸집을 하고 있지만, 얼룩말이나 누 같은 초식동물을 사냥하는 데는 사자나 표범에 결코 뒤지지 않는 훌륭한 솜씨를 가지고 있을 뿐 아니라, 사자에게 끈질기게 달려들어 괴롭혀 쫓아버리고는 사자가 잡은 사냥감을 빼앗기도 한다.

얼룩 하이에나는 이빨과 턱이 튼튼하고 소화능력이 좋아서 짐승들의 뼈를 부수어 골수와 뼈까지도 먹어 치운다. 그리고 후각이 뛰어나기 때문에 병이나 배고픔으로 죽은 동물의 시체를 누구보다도 먼저 찾아내 먹이로 삼는다. 사냥은 주로 밤에 떼를 지어 한다.

얼룩 하이에나는 10~12마리의 암컷과 20여 마리의 새끼들을 중심으로 여러 마리의 수컷이 모여 무리를 이루고 산다. 얼룩 하이에나 무리는 자기들의 구역 안에 굴을 두어서 어린 새끼들을 숨겨 놓기도 하고 무리가 서로 만나 위계를 정하기도 한다. 암컷은 늘 새끼 및 친척 암컷들과 함께 머물지만, 수컷은 먹이가 많은 무리를 찾아 옮겨 다닌다.

아프리카의 마사이 기린은 현재 지구상에 살고 있는 동물 가운데 가장 키가 크다. 수컷의 평균 키가 5.3미터나 된다. 하지만 그물무늬로 위장을 하고 나무 사이에 꼼짝 않고 서서 숨어 있으면 눈에 잘 띄지 않는다. 또 혀의 길이가 45센티미터나 되는데, 그 덕분에 높은 나무 꼭대기에 달린 잎이나 싹, 꽃을 따먹을 수 있다. 기린은 매우 튼튼한 심장을 가지고 있다. 기다란 목을 거쳐 큰 키 꼭대기에 있는 뇌에까지 피를 보내기 위해서인데, 그 크기가 몸집의 2~3퍼센트나 되고, 심장벽의 두께가 7센티미터나 된다. 또한 기린은 몸무게가 800킬로그램이 나갈 정도로 무겁다.

기린의 먹이인 아카시아 나무가 많은 수목지대가 크게 줄고 있고, 사람들이 가죽과 고기를 얻으려고 함부로 사냥을 한 탓에 그 수가 많이 줄었다. 지금은 마사이마라 등의 동물 보호 구역에 주로 살고 있다.

기린은 초원의 파수꾼으로 사자와 같은 맹수들이 공격해 오는 것을 미리 알고 다른 초식동물들에게 알려주어 안전지대로 피하게 한다. 기린에게 가장 무서운 적은 역시 사자인데, 사자는 기린이 물을 마시기 위해 물가에 목을 숙이고 서 있을 때를 노린다. 이때는 기린이 쉽게 사자의 눈에 띄게 될 뿐 아니라, 긴 다리를 벌리고 고개를 숙여 어색하게 서 있는 자세 때문에 사자의 공격을 피하기가 어렵기 때문이다. 키가 커서 느림보일 것 같지만, 있는 힘을 다해 달릴 때는 시속 56 킬로미터의 속도를 낼 정도로 빠르다. 평상시에 걸을 때는 한 쪽 편의 두 개의 발을 한꺼번에 움직여 나아간다.

수컷은 주로 홀로 돌아다니지만, 교미를 위해 암컷을 차지하려고 할 때에는, 다른 수컷과 목으로 힘을 겨루어 싸워서 서열을 정한다. 암컷은 매번 같은 장소에서 새끼를 낳으며 새끼가 다 자랄 때까지 헌신적으로 보호한다. 임신 후 열다섯 달이 지나면 새끼를 낳는데, 갓 태어난 새끼는 키가 1.7~2미터로, 난 지 20분 정도가 지나면 걷기 시작한다.

검은 꼬리 누는 몸집이 큰 아프리카 영양의 한 종류로서, 케냐 남부에서 남아프리카 북부에 걸쳐 살고 있다. 마실 물이 가까이 있고 탁 트인 사바나 초원지대나 초목지대를 좋아한다.

소 같은 모양의 얼굴을 하고 있으며, 꼬리는 검은색으로 말의 꼬리와 생김새가 비슷하다. 얼굴과 목에는 짙은 갈기털이 나 있다. 몸통의 앞쪽이 뒤쪽보다 더 튼튼하게 발달해 있다. 암컷과 수컷 모두 길이 60센티미터 정도의 뿔을 가지고 있는데, 모양은 아프리카 물소의 뿔과 비슷하지만, 그보다 훨씬 부드럽고 가볍다. 몸길이는 2.4~3.3미터, 꼬리 길이는 45~100센티미터, 어깨 높이는 1.3~1.5미터 정도며, 몸무게는 180~250킬로그램이다.

보통은 30여 마리 정도가 무리를 이루어 살지만, 계절에 따라 사는 곳을 옮기기 위해 이동할 때는 수백 마리 때로는 수만 마리씩 커다란 무리를 지어 다니기도 한다. 수컷은 자기 영역을 정해 놓고 그 안에 교미할 암컷을 끌어들이는데, 자기 영역이 없는 수컷들은 다른 총각 수컷들과 함께 무리를 이루어 다닌다.

아프리카 물소는 아프리카에서 볼 수 있는 유일한 야생 소이다. 길이 3미터, 어깨높이 1.7미터, 몸무게는 최고 800킬로그램까지 나가는 육중한 몸집을 지니고 있다. 짧고 튼튼한 다리를 가지고 있고, 털로 덮인 귀 위로는 뿔이 나 있다. 사바나 지대와 적도 부근에서 사는데, 아침 저녁으로 시원한 시간에 풀을 뜯어 먹고, 태양이 내리쬐는 낮에는 숲 그늘에서 지낸다. 헤엄을 아주 잘 치고, 물가 진흙탕에서 뒹구는 것을 좋아한다.

수십 마리에서 수천 마리까지 무리를 지어 다니는데, 커다란 아프리카 물소 무리가 초원을 달려가는 소리는 땅을 뒤흔들 정도로 요란하다. 무리 안에서는 수컷은 수컷끼리, 암컷은 암컷끼리 힘의 세기에 따라 위계 질서를 이루어 산다. 다른 수컷들의 힘에 밀려 무리에서 떨어져 나와 홀로 된 수컷 아프리카 물소는 성질이 사나워져서, 한 번 자기를 공격했던 동물을 따라가 숨어 있다가 갑자기 습격하기도 한다.

사자 같은 동물이 공격을 해오면, 아프리카 물소 무리는 머리를 바깥으로 향해 둥글게 원을 그리고 천천히 움직이며 공격을 막아낸다. 아프리카 물소는 임신 후 약 340일 후에 새끼를 낳는데, 갓 태어난 새끼는 몸무게가 40킬로그램 정도로 무척 무거운 편이다.

아프리카 코끼리는 땅 위에서 사는 포유동물 가운데 가장 크다. 사하라 남쪽의 해변, 숲속, 초원지대, 반사막지대, 늪지대에서 적당한 먹을 것과 물, 더위를 피할 수 있는 그늘만 있으면 어디든 산다. 새끼는 22개월의 임신기간을 거쳐 약 120킬로그램의 몸무게를 가지고 태어난다. 어른 수 코끼리의 몸길이는 7~9미터, 어깨높이는 3.2~4미터, 몸무게는 5000~6300킬로그램이고, 암 코끼리는 몸길이 6.5~8.5미터, 어깨높이 2.5~3.4미터, 몸무게 2800~3500킬로그램 정도이다.

코끼리는 여러 가지 나뭇잎이나 풀과 꽃, 열매 따위를 먹고 산다. 때로는 자기가 좋아하는 나무의 꽃과 열매를 일부러 찾아 돌아다니기도 한다. 먹성 좋은 코끼리 떼가 지나간 숲은 망가지기가 일쑤이다. 연한 잎들을 먹으려고 나무들을 죄다 넘어뜨리기 때문이다. 어른 코끼리는 하루에 자그마치 300킬로그램의 풀과 나뭇잎을 먹어치운다.

코끼리는 물을 무척 좋아한다. 하루에 200리터 씩의 물을 마셔댈 뿐 아니라, 물 속에서 돌아다니면서 긴 코로 몸과 귀에 물을 뿌리고 귀를 펄럭여 더운 몸을 식히기도 한다. 사막지대에서는 해마다 같은 곳의 지하수를 찾아 물을 파낸다.

암컷들과 새끼들은 작은 수의 가족을 이루고 산다. 친척관계에 있는 다른 가족들과 함께 더 큰 무리를 이루기도 하는데, 어떤 때는 수백 마리가 넘는 코끼리들이 모여 일시적으로 함께 지내기도 한다. 암컷은 대개 자기가 태어난 가족 안에 머물지만, 가족의 숫자가 많아지면 독립하여 다른 가족을 이룬다. 수컷은 생후 3~4년이 지나면 가족을 떠나고, 다른 가족의 암컷과 짝짓기를 할 때를 빼고는 다른 수컷들과 지내거나 홀로 돌아다닌다.

코끼리는 여러 가지로 다른 동물과 다르지만, 특히 죽음에 대한 태도가 신비로울 만큼 독특하다. 코끼리는 죽은 코끼리의 뼈를 보면 그냥 지나치지 않고 숲속으로 옮겨 놓는데, 특히 턱뼈를 빠뜨리지 않는다. 때문에, 숲속에 코끼리 뼈가 많이 쌓여 있는 곳이 간혹 발견되기도 한다. 이를 두고 코끼리들은 죽을 때가 되면 정해진 한 장소, 즉 "코끼리 무덤"으로 돌아간다는 이야기도 있지만 사실인지는 확인되지 않았다. 병이 들거나 다쳐 죽어 가는 가족 코끼리가 있으면, 그 옆에서 정성스레 머물며 보살피고 입 속에 풀을 넣어 주기까지 한다. 숨이 끊어진 후에도 몇 시간 동안이나 죽은 코끼리 곁을 떠나지 않고 코로 어루만지며 지켜준다.

만일 가족 가운데 새끼가 아프거나 다치면, 여러 마리가 둥글게 둘러싸고 돌보다가, 죽고 나면 맹수들의 먹이가 되지 않게 하기 위해 어미 코끼리가 지키거나 상아에 올려 가지고 간다. 위험에 처한 어린 코끼리의 소리를 들으면, 어미는 물론 다른 코끼리들이 모두 달려가 구하고, 어떠한 어려움이 있어도 새끼를 포기하지 않는다.

코끼리들은 여러 가지 특이한 소리로 서로 뜻을 전하는데, 그 가운데는 사람 귀에는 들리지 않는 것도 많다. 이렇듯 독특하고 신비로운 행동 때문에, 코끼리는 신화 속에 많이 등장하기도 하며, 어떤 아프리카 부족은 코끼리가 인간의 추장이었다고 믿기도 한다.

치타는 땅 위에서 가장 빠른 동물로, 100미터의 거리를 뛰는데 3.3초밖에 걸리지 않는다. 날씬한 몸매와 작은 머리, 앞으로 튀어나온 가슴과 튼튼하고 긴 다리 덕분에 빠른 속도로 달릴 수 있고, 60~80센티미터나 되는 긴 꼬리로는 달리는 동안 방향을 조절하고 몸의 균형을 잡아 빠른 속도를 유지한다. 하지만 치타는 오래 달리지는 못하기 때문에 사냥감을 쫓아 달리다가도 600미터 이상은 가지 못하고 지쳐 공격을 포기한다. 사냥에 성공한 후에도, 빠르게 달리느라 가빠진 숨을 가누고 쉬기 위해 15분쯤은 지나야 먹이를 먹기 시작하는데, 그 사이에 독수리나 하이에나, 재칼에게 먹이감을 빼앗기기도 한다. 그래서 치타는 사냥감에게 최대한 가까이 다가간 뒤에 공격을 시작한다. 톰슨가젤, 임팔라, 스프링복 등의 영양 종류를 주로 먹고 살며, 토끼 같은 작은 포유동물이나 타조 같은 큰 새도 먹는다.

꼬리를 뺀 몸의 길이가 약 1.1~1.5 미터이며, 몸무게는 50~60 킬로그램 정도 무척 가벼운 편이다. 황갈색 몸통에는 불규칙한 크기의 검은 점이 있고, 이마와 정수리에는 작은 점이 많다. 암컷은 새끼를 키울 때 외에는 혼자 살아가며, 수컷 역시 짝짓기를 할 때 외에는 암컷에게 오지 않고 대개 혼자 또는 두어 마리의 형제 수컷들과 함께 돌아다닌다. 새끼 치타의 등과 머리에는 부드러운 회색 갈기가 나 있는데, 이것은 어미가 입에 물고 움직이기에도 좋고 또 몸집이 더 크고 사납게 보이게 만들어 주기도 한다. 새끼들은 난 지 18개월이 지나면 어미 곁을 떠나 독립한다.

치타는 탁 트인 초원에서 살기에 적합한 몸을 가지고 있는데, 아프리카에서 초원 지대가 점점 줄어드는 데다가 치타의 번식력이 약한 까닭에 그 수가 많이 줄어 멸종의 위험에 처해 있다.

세르발은 아프리카의 알제리, 모로코 및 남부의 사바나 아래 지역의 초원지대에 사는 야생 고양이의 한 종류이다. 늘씬한 몸에 긴 다리를 지니고 있으며, 황갈색 몸통과 검은 점이 줄 모양으로 나있다. 뾰족하게 벌어진 귀와 검은 줄무늬가 난 짧은 꼬리가 특징이다. 몸길이는 67~100센티미터, 어깨높이는 54~62센티미터 정도이다.

다른 고양이 종류와 마찬가지로 야행성이지만, 서늘한 날은 낮에도 돌아다닌다. 보통은 혼자 지내며, 작은 영양과 같은 포유동물, 도마뱀, 새 따위를 먹고 산다.

카라칼은 행동이 대단히 민첩한 멋지게 생긴 아프리카 야생 고양이이다. 몸집은 길이 70~110센티미터, 어깨높이 40~45센티미터 정도로 그리 크지 않다. 아프리카의 사바나 지역에 주로 사는데, 몸은 적갈색을 띠고 있으며, 뾰족하고 술이 달린 귀와 날카롭게 빛나는 눈이 특징이다.

단숨에 몇 미터를 뛰어오를 정도로 빠르고 순발력이 좋아서, 날아가는 새를 잡을 수도 있다. 대개 쥐나 작은 영양을 먹고 산다. 성질이 대단히 사납고 겁이 없으며, 특히 자기가 상처를 입거나 궁지에 몰렸을 때는 대단히 위험한 맹수로 돌변한다.

아프리카 표범 레오파드는 다른 맹수들과는 달리 동물 보호 구역 밖에서도 많이 살고 있다. 이런 강한 생존력의 비밀은 황갈색 몸에 있는 장미꽃 모양의 검은 얼룩 무늬와 다양한 식성에 있다. 표범이 풀 숲이나 나무 사이에 있을 때 얼룩무늬가 눈에 띄지 않아 먹이감에 잘 접근할 수 있고 사자나 사냥꾼들의 공격을 피할 수 있다. 먹이로는 생쥐나 어린 기린 같은 작은 포유동물부터 시작해서 물고기나 벌레, 열매에 이르기까지 가리는 것이 없다. 중간 크기의 영양이 가장 좋아하는 먹이이지만, 다른 육식 동물이 먹다 남긴 썩은 고기까지도 먹어 치우기 때문에, 어디서든 잘 적응하여 살아간다. 레오파드의 몸통 길이는 2미터 정도이고, 꼬리 길이는 1미터, 어깨높이는 70센티미터가 넘는다. 몸무게는 수컷이 최고 90킬로그램, 암컷은 60킬로그램까지 나간다.

레오파드는 주로 밤에 사냥을 한다. 사냥감을 잡으면 독수리나 재칼 같은 다른 맹수들에 빼앗기지 않으려고 나무 위에 가지고 올라가서 먹는데, 먹다 남은 고기는 통풍이 잘 되는 나뭇가지에 걸쳐 놓아 두고, 다 먹을 때까지는 사냥을 하지 않는다. 나무 타는 솜씨는 원숭이를 공격할 수 있을 정도로 아주 민첩하다. 수컷과 암컷은 따로 떨어져 지내며, 새끼는 한 살이 될 때까지 어미와 함께 지낸다. 어린 새끼를 두고 사냥을 나갈 때에는 구멍이나 빽빽한 덤불 속에 숨겨 두는데, 이 은신처는 이틀에 한 번씩 옮긴다. 새끼는 난 지 아홉 달이 되면 어미와 함께 사냥을 나가며, 그로부터 두 달쯤 지나면 어린 임팔라를 잡을 수 있다. 난 지 일 년이 지나면 어미는 새끼를 내보내고 다시 수컷을 만나 새로운 새끼를 가진다.

아프리카에서 표범은 왕의 상징인데, 이는 표범이 일단 쫓기 시작한 사냥감은 결코 놓치는 법이 없는 정확성과 용맹함을 지닌 동물이기 때문이다.

흑백 콜로부스 원숭이는 아프리카에서만 사는 나무 위에 사는 긴 꼬리 원숭이의 한 종류로 아프리카의 중부 적도 부근 지역에서 많이 살고 있다. 몸통은 검은색이고, 옆구리와 등 아래쪽은 하얀색이다. 검은색 꼬리는 시작 부분으로 갈수록 회색이 되고, 끝부분은 흰색 털이 덥수룩하다. 얼굴에는 하얀색의 짧은 구렛나루와 턱수염이 나 있다.

몸무게는 9킬로그램 정도가 나간다. 보통 20마리 정도가 무리를 지어 사는데, 한 무리는 한 마리의 수컷과 여러 마리의 암컷들 및 새끼들로 이루어진다.

아프리카 흰 코뿔소는 코끼리와 하마 다음으로 가장 육중한 몸집을 가진 포유동물이다. 인도 코뿔소는 콧등의 뿔이 하나뿐인데, 아프리카에 사는 흰 코뿔소는 두 개의 뿔이 있다. 흰 코뿔소는 식물의 뿌리를 먹이로 얻기 위해 땅을 파는데 주로 자신의 뿔을 사용한다. 발마다 발가락이 세 개씩 있다. 몸의 길이 4.5~4.8미터이며, 꼬리 길이 1미터, 어깨높이는 1.8 미터이며, 몸무게는 수컷이 2000~2300킬로그램, 암컷이 1400~1600킬로그램 정도이다.

흰 코뿔소는 한 마리의 우두머리 수컷이 자기 구역 안에서 암컷들과 새끼들을 거느리고 살아간다. 암컷은 새끼를 낳을 때가 되면 무리에서 며칠 동안 떨어져 나와 혼자 새끼를 낳는다. 새끼는 임신 후 480일이 지나 태어나며, 갓난 새끼의 무게는 약 40킬로그램 정도이다. 코뿔소는 눈이 아주 나빠서 거의 보지 못하지만, 대신 예민한 청각과 후각을 지니고 있다. 뚱뚱한 몸 때문에 느림보일 것 같지만, 화가 나면 시속 40킬로미터의 빠른 속도로 달리기도 한다.

흰 코뿔소는 6천만 년 전 거대한 몸집의 초식동물이 땅을 지배하던 시절에 아프리카와 유럽, 아시아의 여러 지역에서 널리 살았던, 아주 오래 된 동물이다. 하지만, 사람들이 값비싼 코뿔소 뿔을 얻기 위해 마구 사냥하는 바람에 지금은 멸종의 위험이 가장 큰 동물 가운데 하나가 되어 버렸다.

183

분홍 펠리칸은 크고 긴 납작한 부리를 가진 커다란 새이다. 윗부리는 끝이 꺾여서 아랫부리를 덮고 있으며, 아랫부리에는 커다란 주머니가 달려 있다. 특히 번식기에는 아름다운 분홍색으로 변한다. 큰 것 가운데는 몸무게가 15킬로그램, 양 날개를 폈을 때의 길이가 3미터에 이르는 것도 있다. 수천 마리가 무리를 지어 이동한다. ▶

꼬마 홍학은 긴 다리와 자유자재로 구부릴 수 있는 긴 목을 가진 분홍색의 아름다운 새이다. 수컷은 키가 155센티미터까지 이르며, 먹이를 먹을 때는 머리 전체를 물 속에 넣고 앞 뒤로 세차게 흔든다. 홍학은 주로 떼를 지어 사는데 많을 때는 10만 마리 이상이 함께 산다. ▶

뱀잡이 수리는 까만 날개와 긴 꼬리털, 긴 다리가 특징이다. 초원을 거닐며 쥐나 뱀을 잡아먹는다.

관머리 백로는 다리가 짧은 백로의 한 종류로 늪이나 호수, 강가 등 풀숲이 많은 곳에서 혼자 다닌다.

티크니는 커다란 머리와 역시 커다랗고 노란 눈이 특징이다. 건조하고 바위가 많은 관목지대의 덤불 숲에 산다.

아프리카 검은 따오기는 몸통은 하얗고 굽은 부리, 머리와 목, 다리는 검다. 강가나 호숫가의 늪지대, 초원에서 큰 무리를 지어 산다. 쇠백로는 몸통은 하얗고 부리와 다리는 까만 백로다.

뿔 호반새는 몸통색은 하양과 검정이 뚜렷한 대조를 이루며 섞여 있다. 아주 긴 부리와 머리에 달린 멋진 볏이 특징이다.

가마우지는 길게 구부러진 목과 곧게 뻗은 부리가 특징이다. 잠수하여 물고기를 잡아서, 물 위로 떠올라 삼킨다.

회색 코뿔새는 머리와 등, 날개 등이 회색이며, 새까만 부리는 특이한 모양으로 구부러져 있다. 부리 위쪽에는 기다란 돌기가 있다.

큰 청호반새는 하양과 검정이 대조를 이루는 호반새 종류 가운데 가장 몸집이 크다. 낮게 날며 큰 소리로 운다.

남방 코뿔새는 얼굴과 턱에 있는 붉은색 살 때문에 쉽게 알아 볼 수 있다. 넓은 벌판에서 걸어 다니고 잘 날지는 않는다.

아프리카 따오기 황새는 하얀 몸통에 까만 날개, 빨간 다리와 얼굴을 하고 있다. 아래로 살짝 굽은 노란색 부리가 특징이다.

검은 머리 왜가리는 건조한 초원지대에서 혼자 먹이를 구하러 다니지만, 사람이 사는 마을 근처에 여럿이 함께 사는 둥지를 둔다.

중대 백로는 흰 백로 중에 가장 크다. 늪이나 호수, 강 등의 넓은 물가에 주로 나타난다.

공작무늬 물총새는 작은 몸집에 빨간색의 긴 부리를 갖고 있으며, 이마 위로는 청록색 갈기가 나있다. 발이 작고 빨간색이다.

흰 허리 민독수리는 날개를 접고 있으면 갈색 몸통에 목에만 흰 목도리를 두른 것 같이 보이지만, 날개를 펴고 날면 새하얀 등과 꼬리털이 나타난다.

◀◀ 삼색 독수리는 머리와 가슴, 등이 하얗고, 꼬리와 날개는 검다. 물가에 살며 물고기를 주로 먹는다. 암컷의 몸집이 수컷보다 크고, 서로 짝을 부르느라 내는 큰 울음소리는 아프리카를 대표하는 유명한 소리 가운데 하나이다.

◀ 검붉은 말똥가리는 목 옆과 등이 검고 목 아래쪽과 가슴, 배, 다리가 흰색인데 꼬리가 적갈색인 것이 특징이다. 주로 바위가 많은 산악지대에 산다.

오뚜기 독수리는 커다란 검은색 몸통에, 빨간색 얼굴과 발, 황갈색 날갯죽지를 지니고 있다. 날개를 넓게 펴고 양쪽으로 천천히 흔들며 넓은 목초 지대 위를 아주 낮게 나는 모습을 종종 볼 수 있다. ▶

아프리카 수리 부엉이는 회색 몸통에, 엷은 노란색 눈을 하고 있다. 귀처럼 세워진 장식털이 있는데, 늘 올라 서있는 것은 아니다. 바위가 많은 언덕지대에 살고 바위나 나무 위에 집을 짓는다. ▶▶

잔점박이 독수리는 나는 새 중에 가장 크고 사나운 새이다. 날개 밑과 가슴, 다리에 점박이 무늬가 있고 깃털이 다리 전체에 나 있는 것이 특징이다. 임팔라 크기의 영양을 잡기도 한다.

도마뱀

망구스는 작은 몸집을 한 아프리카의 육식동물로, 23~65센티미터 정도의 키에 몸은 보통 회색이나 갈색이다. 쥐나 뱀 따위를 먹고 살며, 코브라 같은 무서운 독을 지닌 독사와의 싸움에서도 민첩한 동작으로 승리를 거두는 것으로 유명하다. 야생에서는 7~12년 정도를 살지만, 가두어 놓고 키우면 20년이 넘게 수명을 유지하기도 한다.

바위 너구리는 작고 똥똥한 몸집에 꼬리가 없으며 눈은 작고 둥글다. 화가 나거나 하면 등의 털을 곤두세운다. 보통 너구리는 야행성이지만, 바위 너구리는 낮에 돌아다닌다. 이른 아침에 먹이를 구하러 나가기 전에 따뜻한 바위 위에서 햇볕을 쬐는데, 그 동안 어미들은 망을 본다.

◀ 아프리카에 널리 퍼져 살고 있는 사바나 원숭이는, 흰색이 섞인 회색의 몸통, 긴 꼬리, 그리고 몸통보다 짙은 색의 손발과 검은 얼굴이 특징이다. 사바나 및 강가의 초목지대, 해안가의 관목 숲 지대 등에서 주로 산다. 몸 길이가 수컷은 100~130센티미터, 암컷은 95~110센티미터, 꼬리 길이는 48~75센티미터, 몸무게는 4~8킬로그램 정도이다.

많게는 20여 마리까지 함께 모여 살지만, 대개는 보다 적은 수로 무리를 이루어 산다. 낮에 활동하고 밤에는 나무나 낭떠러지 위에 올라가 잠을 잔다. 무리 안에는 원숭이들 사이에 정확한 서열이 존재하며, 밀림 원숭이와 같이 목소리를 내지는 못하지만, 소리로 서로 의사를 나타내는 다양한 방법을 가지고 있다.

열매나 꽃, 나뭇잎, 씨앗 따위를 주로 먹고, 벌레나 새의 새끼 같은 것을 잡아먹기도 한다. ▶

사바나 개코 원숭이는 고릴라, 침팬지 다음으로 큰 아프리카 유인원이다. 개와 비슷한 기다란 주둥아리와 'U'자 모양으로 둥그렇게 구부러진 꼬리가 특징이다. 밀림이나 사막을 제외한 아프리카 남부 지역에 골고루 살고 있다. 몸 길이는 수컷이 120~180센티미터, 암컷이 100~120센티미터이며, 꼬리 길이는 60~85센티미터, 몸무게는 수컷이 25~45킬로그램, 암컷이 12~28킬로그램 정도이다.

적게는 10마리에서 많게는 100마리까지가 무리를 지어 사는데, 무리 안에서 수컷이 암컷을 지배한다. 다른 유인원들과 마찬가지로 엄격한 위계질서를 이루어 산다. 무리를 지배하는 수컷은 무리의 이동 시기 따위의 중요한 결정을 내리며, 새끼를 보호하고 있는 암컷들과 가까이 지낸다. 낮에 주로 활동하며 밤에는 맹수의 공격을 피해 나무 위나 낭떠러지 위에서 잔다.

열매나 꽃, 나뭇잎, 씨앗, 송진, 식물뿌리 따위를 주로 먹지만, 벌레나 새끼 영양, 쥐, 새, 도마뱀 같은 동물들을 먹기도 한다. 사람들이 사는 마을 근처에서는 밭에 들어와 곡식을 훔쳐가기도 한다. ▶▶

혹 멧돼지는 아프리카에서 가장 흔한 야생 멧돼지로 화가 나면 갈기털을 세운다. 수컷의 눈 밑과 코에 불룩 튀어나온 돌기는 싸울 때 얼굴을 보호해 준다. 다리가 너무나 짧기 때문에 무릎을 꿇은 자세로 풀이나 풀뿌리, 떨어진 열매를 먹는다.

세이블 엔텔롭은 몸통이 황갈색이나 검은 갈색이며 배쪽이 희다. 풀이 많고 물이 있는 초목지대에서 10~30마리가 무리지어 산다.

그레이터 쿠두

흰 개미집

그레이터 쿠두는 밤회색의 몸통에 난 선명한 하얀 줄무늬가 두드러지며 목에는 갈기털이 있다. 뿔은 수컷에게만 있으며 난 지 30개월 이상 지나야 빙글빙글 꼬인 제 모양을 갖춘다. 나뭇잎이나 풀을 먹고 사는데, 다른 초식동물들은 입에 대지 않는 독을 지닌 풀 따위도 잘 먹어 치운다.

얼룩무늬 거북은 건조하고 수풀이 우거진 곳을 좋아하며, 춥고 습기가 많은 것을 견디지 못한다. 풀과 나무를 먹고 살며, 몸의 길이는 60센티미터, 몸무게는 32 킬로그램 정도까지 나간다.

아프리카 나일 악어는 잠복사냥의 명수이다. 눈과 귀, 콧구멍이 모두 머리 위쪽에 달려 있기 때문에, 몸을 완전히 물 아래로 넣고 눈과 귀만 내놓고 사냥감이 접근해 오는가를 살피며 기다릴 수 있다. 나일강과 남아프리카의 습지 지대에서 주로 살고 있다. 몸 길이는 7미터, 몸무게는 1000킬로그램 이상 나가는데, 간혹 길이가 9미터나 되는 악어도 있다. 나일 악어의 수명은 100년 또는 그 이상이라고 한다.

낮에는 대부분 물 밖 모래 둑에 나와 누워 햇볕을 쬐다가, 주로 밤에 활동하며, 물을 마시러 물가로 나온 작은 포유동물이나 물새, 물고기 따위를 주로 잡아먹고 산다. 사냥감을 기다리며 물에 떠 있을 때는 마치 통나무가 물 위에 떠있는 것처럼 아주 조용히 있다가, 사냥감이 다가오면 엄청나게 빠른 동작으로 순식간에 입으로 낚아채서 물 속으로 끌고 들어간다.

악어는 아주 헌신적인 부모이다. 어미는 강가의 부드러운 모래 안에 구멍을 뚫고 한 번에 90개 정도의 알을 낳는데, 새끼가 알을 깨고 나오기까지 걸리는 석 달의 기간 내내 알들을 열심히 지킨다. 새끼들이 껍질을 깨고 나오는 소리가 들리기 시작하면, 어미는 새끼들이 무사히 껍질에서 나올 수 있도록 도와주고 갓 나온 새끼들을 입 안에 넣어 물 속으로 운반한다. 부모는 물속에 새끼들을 위하여 아늑한 장소를 마련하여 새끼들이 사냥법을 배울 때까지 그곳에 새끼들을 보호한다.

하마는 아프리카에서만 사는 포유동물이다. 육중한 몸집과, 짧고 단단한 다리, 짧은 꼬리를 지니고 있으며, 발가락은 네 개이다. 다 자란 하마의 아래턱에는 송곳니가 나는데, 그 길이가 70센티미터, 무게가 3킬로그램에 이르며, 코끼리의 상아만큼이나 귀하게 여겨진다. 몸길이는 2.9~5미터, 몸무게는 1000~4500킬로그램이나 되지만, 다리가 짧기 때문에 어깨까지의 높이 1.5~1.65미터 정도 밖에 되지 않는다.

하마는 피부가 약해서 해가 있는 대부분의 낮 시간을 물 속에 잠겨 작은 눈과 콧구멍, 조그맣고 둥근 귀만을 물 위로 내놓고 보내지만, 이따금씩 모래나 진흙 더미에서 일광욕을 하기도 한다. 몸을 숨기고 싶을 땐 물 속으로 완전히 잠수하기도 하는데, 길게는 25분까지 잠수해 있을 수 있다. 낮에는 물 속에 있는 수초를 주로 먹고 지내는데, 먹이를 찾아서 30킬로미터 이상 헤엄쳐 가는 일이 흔하며, 밤이나 날씨가 흐린 낮에는 맛있는 풀을 뜯기 위해 초원으로 나와 멀리 40킬로미터의 거리까지 가기도 한다.
초원으로 나갈 때에는 똥을 조금씩 뿌려 흔적을 남겼다가 자기 똥 냄새를 맡으며 돌아오는데 소나기가 와서 돌아가는 길을 찾지 못하면 떠돌이 생활로 일생을 마친다. 하마는 사람이 다가가도 해치지 않는 온순한 동물이지만, 초원에 나왔다가 물가로 돌아가는 하마의 길을 막으면 난폭하게 물며 달려든다.

사람은 졸리고 피곤하면 하품을 하지만, 하마는 자기 뜻을 전하고자 할 때 하품을 한다. 수컷이 암컷을 보고 하품을 하면 구애를 하는 것이고, 다른 수컷들을 보고 크게 입을 벌리는 것은 자기 구역에 들어오지 말고 물러가라는 뜻이다. 자주 있는 일은 아니지만, 수컷끼리 싸우게 되면 사나운 소리를 내며 격렬하게 다투어 서로 심한 상처를 입힌다.

하마는 보통 10~15마리씩 무리를 지어서 산다. 암컷은 한 번에 한 마리의 새끼를 낳는데, 갈대 숲 바닥에서 새끼를 낳고 며칠 동안 이곳에 숨겨둔다. 새끼는 태어나 몇 분 만 지나면 수영을 할 수 있다. 어미는 물 밑 강바닥에 누워 젖을 먹이는데, 새끼 하마는 젖을 빨다가 30초마다 한 번씩 숨을 쉬러 물 위로 고개를 내민다. 추운 날에는 따스한 햇볕을 쬐기 위해 어미 몸에 올라타고 물 위로 몸을 삐죽이 내밀기도 한다.

237

이름찾기

가마우지 Darter • 198
가젤 Gazelle • 53
검붉은 말똥가리 Augur Buzard • 209
검은 꼬리 누 Blue Wildebeest • 122
검은 머리 왜가리 Black-headed Heron • 202
공작무늬 물총새 Malachite Kingfisher • 204
관머리 백로 Squacco Heron • 192
관학 Crowned Crane • 70
그레이터 쿠두 Greater Kudu • 222
꼬마 홍학 Lesser Flammingo • 190
나일 악어 Nile Crocodile • 226
나쿠루 호수 Nakuru Lake • 186
남방 코뿔새 Ground Hornbill • 201
노랑 동박새 Yellow White-eye • 75
대머리 황새 Marabou • 89
도마뱀 Lizard • 213
레오파드 Leopard • 170
리히텐슈타인 하테비스트 Lichtenstein's Hartebeest • 48
마사이 기린 Maasai Giraffe • 112
마사이마라 사바나 Maasaimara Savanna • 6
망구스 Mongoose • 214
바오밥 나무 Baobab Tree • 197
바위 너구리 Rock Hyrax • 215
뱀잡이 수리 Secretary Bird • 192
볏 물떼새 Wattled Plover • 80

분홍 펠리컨 White Pelican • 190
뿔 호반새 Pied Kingfisher • 198
삐아첸띠니 딕딕 Piacentini's Dik-dik • 48
사바나 개코원숭이 Savanna Baboon • 217
사바나 원숭이 Vervet Monkey • 217
사자 Lion • 14
삼색 독수리 African Fish Eagle • 209
세르발 Serval • 164
세이블 엔텔롭 Sable Antelope • 220
쇠백로 Little Egret • 193
아프리카 검은 따오기 Sacred Ibis • 193
아프리카 따오기 황새 Yellow-billed Stork • 201
아프리카 물소 African Buffalo • 132
아프리카 수리 부엉이 Spotted Eagle Owl • 209
아프리카 코끼리 African Elephant • 142
안장부리 황새 Saddle-billed Stork • 84
얼룩말 Plains Zebra • 35
얼룩무늬 거북 Leopard Tortoise • 223
얼룩 하이에나 Spotted Hyaena • 102
오뚜기 독수리 Bateleur • 209
워터벅 Waterbuck • 58
임팔라 Impala • 62
자색 가슴 파랑새 Lilac-breasted Roller • 80
잔점박이 독수리 Martial Eagle • 212
재칼 Jackal • 94

중대 백로 Great White Egret • 203
초베 강 Chobe River • 245
치타 Cheetah • 160
카라칼 Caracal • 167
큰 청호반새 Giant Kingfisher • 199
킬리만자로 산 Kilimanjaro Mountain • 182
타조 Ostrich • 94
토피 Topi • 70
티크니 Spotted Thicknee • 193
푸른 기장 찌르레기 Blue-eared Glossy Starling • 75
하마 Hippopotamus • 228
헬멧 호로새 Helmeted Guineafowl • 84
혹 멧돼지 Warthog • 220
회색 코뿔새 Grey Hornbill • 199
흑백 콜로부스 Black and White Colobus • 176
흰 개미집 Termite Mound • 221
흰 눈썹 두견이 White-browed Coucal • 75
흰 코뿔소 White Rhinoceros • 180
흰 허리 민독수리 African White-backed Vulture • 75

감사드립니다.

많은 어려움과 힘든 과정을 함께 이겨낸 나의 가족,
아들 네오와 아내 인혜.
살아계신 동안 내게 많은 것을 주신 아버지와
아프리카에 외롭게 남으신 어머니.
아프리카에서 빈털터리가 된 나에게 카메라 장비 일체와 필름을
선뜻 외상으로 주신 일출 포토테크닉의 박준석 사장님.
자신은 굶어도 상관 없다며 어려운 유학 중에도 6천 달러라는 큰 돈을
빌려 준 나이로비의 유학생 민택기군.
떠나는 우리를 눈물로 배웅하던 마사이마라의 청년 후렌씨스와
소파 로찌의 모든 사람들.
몇 달 내내 지친 일정 속에서도 두말 없이 우리를 안내해 준 로이.
포토피아 김택 사장님과 포토코아 김명성님.
요하네스버그의 포토캡틴과 프란시스 타운의 포토킹.
요하네스버그의 동생과 그의 가족.
기꺼이 감수를 보아 주신 김정만 선생님.
끝으로 우리나라의 어려운 사진출판 환경 속에서 온 관심을 가지고 나의 꿈을
믿어 주신 김영사의 박은주 사장님, 웰컴의 문애란님, 초방의 신경숙님.

이 책은 나의 꿈을 믿고 함께 나눈 모든 분들의 것입니다.

김중만

동물왕국

저자·사진	김중만
편집	신경숙
감수	김정만
분해·제판	포인티브
인쇄	영인문화사
제본	세신제본

초판 1쇄 인쇄 1999. 12. 15.
개정판 1쇄 인쇄 2005. 3. 18.

발행처	김영사
발행인	박은주
등록번호	제406-2003-036호
등록일자	1979. 5. 17.

경기도 파주시 교하읍 문발리 출판단지 514-2   우편번호 413-834
마케팅부 031)955-3100, 편집부 031)955-3250, 팩시밀리 031)955-3111

글·사진 저작권 ⓒ 1999 김중만
이 책의 글과 사진의 저작권은 각 저자에게 있습니다. 서면에 의한 저자와
출판사의 허락없이 내용의 일부를 인용하거나 발췌하는 것을 금합니다.

COPYRIGHT ⓒ 1999 by Kim Jung Man
All rights reserved including the rights of reproduction
in whole or in part in any form. Printed in KOREA.

값은 표지에 있습니다.
ISBN 89-349-1769-5 03660

독자의견 전화	02)741-1990
홈페이지	http://www.gimmyoung.com
이메일	bestbook@gimmyoung.com

좋은 독자가 좋은 책을 만듭니다.
김영사는 독자 여러분의 의견에 항상 귀 기울이고 있습니다.